BASIC MAKE UP WORKBOOK

메이크업 기초 워크북

구민사

저 · 자 · 약 · 력

홍수남

現 한성대학교 뷰티디자인학과 교수

퍼스널컬러 & 이미지메이킹 전문가

한국메이크업직업교류회 교육이사

한국산업인력공단 미용사(메이크업) 감독위원

K뷰티산업진흥위원회 전문위원

K-뷰티산업협회 자문위원

대한미용학회 상임이사 & 교육위원장

국가평생교육진흥원 미용분야 심사위원

메이크업 기초 워크북

초판 인쇄 2021년 8월 2일
초판 발행 2021년 8월 10일

| 지 은 이 | 홍수남
| 발 행 인 | 조규백
| 발 행 처 | 도서출판 구민사
(07293) 서울특별시 영등포구 문래북로 116, 604호(문래동3가 46, 트리플렉스)
| 전 화 | (02)701-7421(~2)
| 팩 스 | (02)3273-9642
| 홈페이지 | www.kuhminsa.co.kr
| 신고번호 | 제 2012-000055호(1980년 2월 4일)
| I S B N | 979-11-5813-932-2 (93590)

| 정 가 | 16,000원

머 · 리 · 말

인간의 기본 욕구인 '미(美)의 추구는 남녀노소를 불문하는 자연스러운 현상입니다. 이러한 메이크업은 개인 얼굴 이미지의 호감도, T.P.O 등과도 직접적인 관련이 있어 끊임없는 노력이 필요합니다. 본 저서는 메이크업을 처음 입문하거나 진로를 결정하고자 할 때 기본적으로 섭렵해야 하는 메이크업 이론과 역사, 메이크업 연출 시 필요한 색채학, 개인의 신체색과 이미지를 파악할 수 있는 퍼스널컬러, 얼굴형의 종류와 이미지별 특징, 얼굴형과 직접적인 관련이 있는 눈썹 디자인 감각을 함양시킬 수 있는 눈썹이론을 비롯하여 얼굴형에 따른 윤곽수정법, 피부톤을 고려한 베이스 메이크업, 이목구비를 고려한 색조 메이크업을 포함하여, 뷰티산업 현장에서 필요한 실전메이크업 스킬 등을 학습할 수 있는 메이크업 기초 워크북으로 제작하였습니다.

따라서 메이크업에 처음 입문하고자 할 때 본 저서로 메이크업의 이론부터 관련된 디자인 감각, 색채이론, 퍼스널컬러를 같이 숙지하시어 뷰티감각의 기초를 완벽히 다지시기를 권장드립니다. 마지막으로 출판에 도움주신 구민사 조규백 사상님과 관계사분들께 깊은 감사의 말씀을 드립니다.

감사합니다.

저자 씀

목 · 차

PART

01

메이크업의 이해

1. 메이크업 이론
2. 메이크업의 개념 및 기능
3. 메이크업의 기원

1 메이크업의 이론

학습내용 메이크업의 정의에 대해서 학습한다.

· 메이크업은 패션스타일과 메이크업, 헤어스타일은 외적으로 보이는 이미지 표현의 중요한 수단이며, 목적과 사용하는 재료, 연출 콘셉트 등에 따라 메이크업의 종류와 명칭이 다르다. 즉 T(Time), P(Place), O(Occasion)에 따라 때, 장소, 상황이나 경우에 따라 메이크업의 표현결과가 달라질 수 있으며 이는, 사회적인 현상을 반영한 트렌드와도 밀접한 관련이 있다.

2 메이크업의 개념 및 기능

· 메이크업의 개념은 우리가 보통 하는 화장을 영어로 메이크업이라고 하며, 사전적인 의미는 '제작하다', '보완하다', '정돈하다'의 뜻으로 사용된다. 메이크업은 선천적으로 타고난 얼굴에 (　　　　　)을 사용하여 단점을 보완하고 장점을 부각시키며 개성을 표현하고 호감형성을 하는 것이 중요하다.

Activity 위의 괄호 안에 들어갈 단어를 예시에서 골라보세요

예시: 도구, 화장품, 이미지

· 메이크업은 표현방법과 목적에 따라 다양한 기능이 있다.

Activity 메이크업의 기능에 대해서 생각해 보세요.

예시: 심리적 기능, 사회적 기능, 강화 기능		
1	피부보호의 기능	· 먼지, 자외선, 대기 환경오염 등 외부 유해환경으로부터 피부를 보호하는 기능
2	(　　　　　)	· 아름다움을 추구하는 인간의 기본 욕구이며 단점을 보완하고 장점을 부각시키는 기능
3	사회적 기능	· 메이크업은 사회생활에서 자기 자신을 표현하는 데에 중요한 역할을 하며 사회적 지위, 신분, 직업 등을 표현하는 기능
4	(　　　　　)	· 메이크업하면서 심리적인 만족감과 자신감을 느끼고 개성, 기분, 심리상황 등을 느끼며 안정감을 느끼는 기능

3 메이크업의 기원

· 메이크업의 기원과 역사를 알아보기 전에 먼저 미용의 동기에 대해서 알아보자. 미용의 동기는 크게 보호설과 장식설로 구분하게 되며, 학자마다 제안하는 학설의 종류는 다소 차이가 있는데 구체적인 내용은 다음과 같다.

Activity 메이크업의 기원에 대해 생각해보기

1	장식 및 기능설	· 자연의 영향으로 다양한 자연 소재를 사용하여 피부에 표현하는 가설
2	(　　　　　　)	· 이성에게 매력적으로 보이기 위한 가설
3	신체보호설	· 인간이 위험으로부터 자기 자신을 보호하기 위해 위장 또는 은폐했던 가설
4	종교설	· 주술적, 종교적 행위로 신체를 장식하고 병, 재앙을 물리치기 위해 치장했다는 가설
5	(　　　　　　)	· 사회적 지위, 성별, 나이, 종족, 결혼여부 등을 구분해주는 가설

Activity 아래의 예시를 적절한 단어를 골라 빈 괄호 안에 채워보세요.

예시: 얼굴형, 피부, 귀, 이마, 볼

당신이 생각하는 얼굴 이미지 변화가 가장 큰 부분은?

눈 → (　　) → 얼굴형 → (　　) → 코 → 입술

토론 및 메모 나는 왜 메이크업을 하는가?

MEMO

PART 02

색채와 퍼스널컬러

1 색채학 이론

학습내용 색채학 이론에 대해서 학습한다.

1.색의 개념

색의 개념 : 색, 즉 컬러는 다양한 용어로 통용된다. 주로 색은 색상, 색깔, 색채 등으로 불리며, 이에 대한 개념은 사람의 눈에 가장 먼저 인식되는 시각디자인의 요소를 의미한다. 색상은 색의 명칭 또는 다른 색과 구분되는 특징으로 유채색에만 컬러가 있고, 무채색은 컬러가 없다.

Activity 예시를 보고 괄호 안에 들어갈 단어를 골라보세요.

예시: 원색, 파랑색, 무채색, 유채색, 회색, 빨강색

( )

- 색상, 명도, 채도를 가진 빛깔
Ex) 빨강, 노랑, 파랑 등으로 무채색을 제외한 색상

( )

- 색조가 없는 색. 흰색, 검정색-양극단 색 사이에 위치한 모든 회색
- 색상이나 채도가 없고 명도의 차이만을 가지는 색
Ex) 검정색, 흰색, 회색 등

색의 3속성 : 색의 3속성은 색상, 명도, 채도를 의미하며, 색상은 말 그대로 컬러를 의미하고, 명도는 색상의 밝고 어두움, 채도는 색상의 선명도, 톤은 색상과 명도를 합친 것이 톤이다.

보색

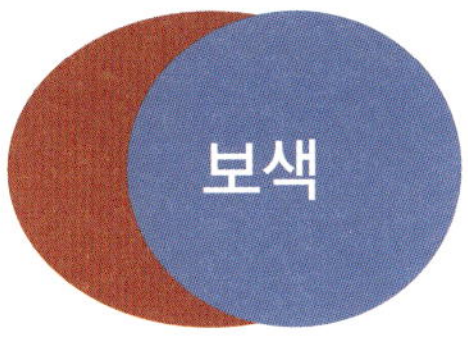

- 색상환에서 색상대비를 이루는 한 쌍의 색상을 의미
- 색상환에서 서로 마주 보고 있는 색(반대색)
- 보색 + 보색 = 무채색

Activity 아래에 제시된 색상환을 보고 보색을 기입해 보세요.

예시) 빨청, 주파, (　　　), (　　　), (　　　)

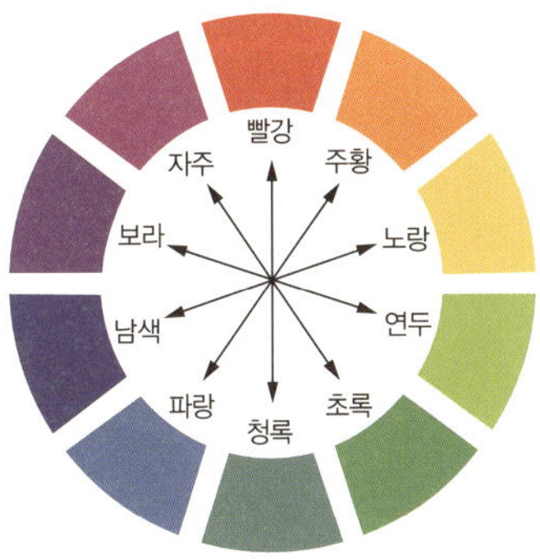

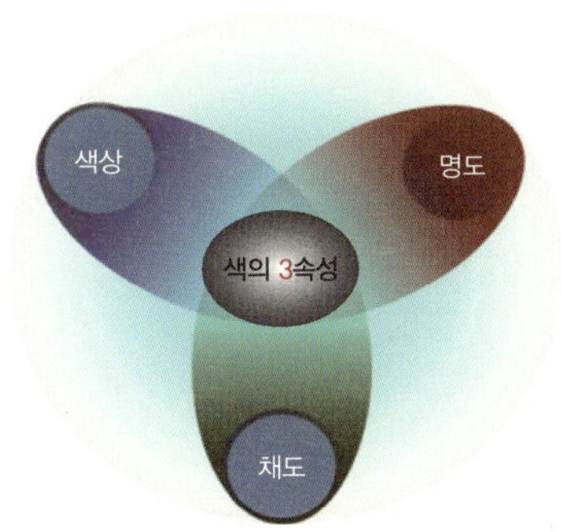

유사색상과 동일색상

유사색상과 동일색상 : 색상환에서 마주 보는 색은 (　　　　　)이라고 하고, 특정색을 기준으로 했을 때 주변 인접한 색상을 (　　　　　)이라고 하며, 동일한 색상을 (　　　)이라고 한다.

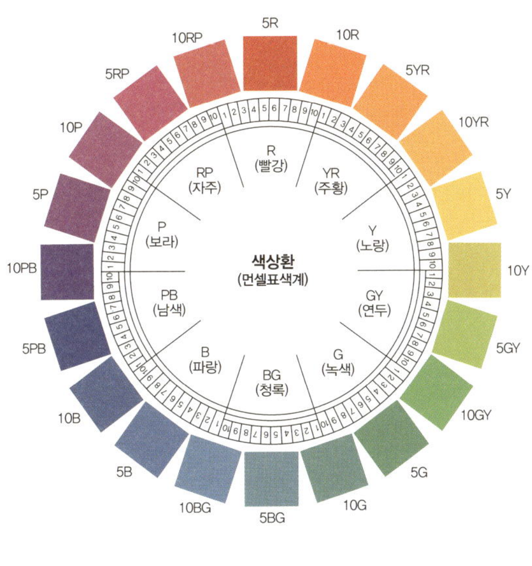

QUIZ

5R의 유사색상은?

5R의 동일색상은?

5R의 보색은?

2 퍼스널컬러 이론

학습내용 퍼스널컬러 이론에 대해서 학습한다.

1.개념 정리

· 사람마다 자신에게 잘 어울리는 최고의 색상이 있다. 이를 퍼스널컬러라고 하며, 분석방법은 신체색과 이미지를 같이 분석했을 때보다 정확한 퍼스널컬러를 진단할 수 있다. 퍼스널컬러를 어떻게 연출하느냐에 따라 동안, 로맨틱, 성숙한, 지적인 이미지 등으로 인상형성이 된다.

Activity 빈칸에 들어갈 단어를 기입해 보세요.

예시: 봄, 가을, 화이트베이스, 블루베이스, 희다, 푸르스름하다, 핑크계, 화이트계

	Warm 따뜻한 톤의 피부 Type		Cool 차가운 톤의 피부 Type
①	(golden undertone)	②	( )
	노르스름하다		( )
	크림계, 오클계		( )
	( )		여름 – White, Blue
	( )		겨울 – Blue, Black

2. 진단방법

· 퍼스널컬러를 진단할 때는 신체색(피부색, 눈동자색, 모발색)과 외적 이미지의 비율이 100%가 되도록 진단하는 방법이 좋다.

Activity 퍼스널 컬러 진단방법입니다. 빈칸에 들어갈 숫자를 기입해 보세요.

예시: 50:50, 30:70, 20:80, 45:55

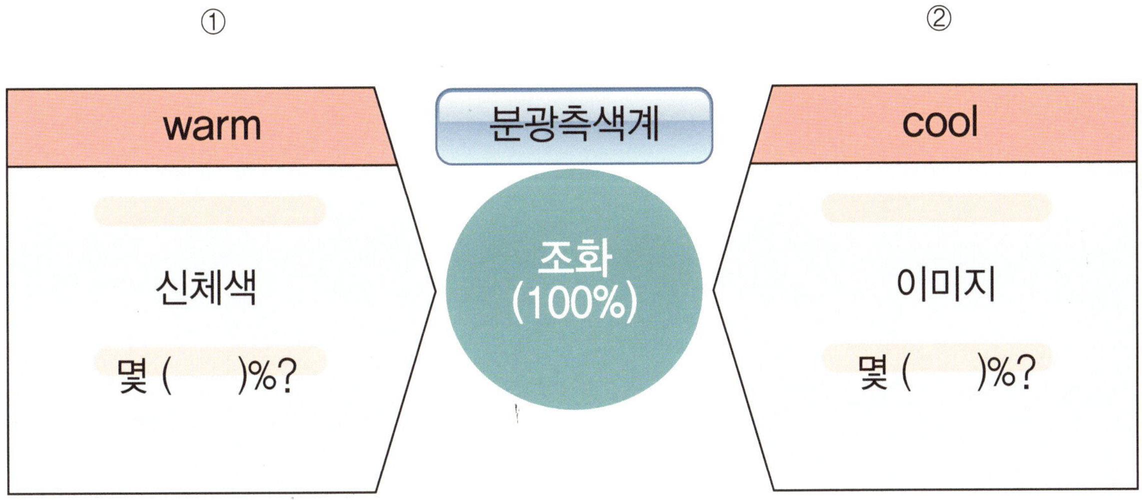

3. 신체색의 개념

· 퍼스널컬러는 신체색과 외적으로 보이는 얼굴의 이미지를 보고 최종 퍼스널컬러를 진단하게 된다. 대체로 퍼스널컬러는 패션컬러, 뷰티컬러(헤어염색, 메이크업 색상, 네일색상 등)에 사용되며, 본인에게 어울리는 최상의 컬러로 연출했을 때 호감도 상승, 매력 어필, 자신감 상승, 단점은 보완하고 장점을 부각시켜주는 메이크업의 의미와도 관련성이 깊다.

Activity 신체색의 종류입니다. 빈칸에 들어갈 단어를 기입해 보세요.

예시: 두피색, 손목 색상, 모발색, 눈동자색, 목덜미 뒤쪽 색, 피부색

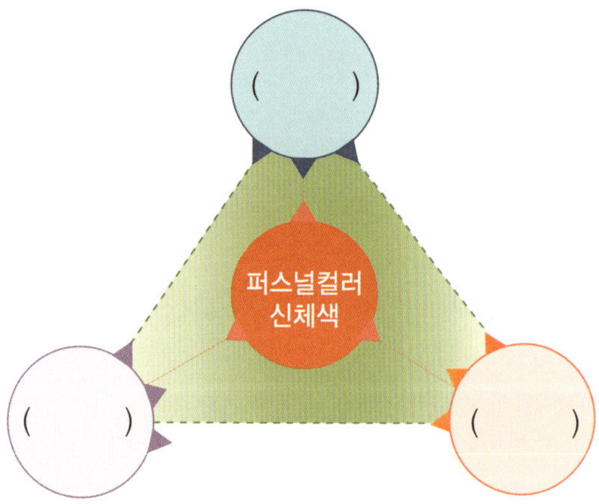

상단 ①
왼쪽 하단 ②
오른쪽 하단 ③

4. 계절 이미지별 특징

· 퍼스널컬러를 진단하면 크게 웜(Warm)과 쿨(Cool)로 나누게 된다. 웜은 따뜻함을 의미하는 것으로 옐로 베이스라고 하며 봄과 가을이 있고, 쿨은 시원하거나 차갑다는 의미로 블루 베이스(색상은 화이트)라고 하며 계절은 여름과 겨울이 있다. 즉 퍼스널컬러는 개인의 신체색과 이미지를 4계절인 봄, 여름, 가을, 겨울로 구분하여 웜톤인지, 쿨톤인지를 결정하게 된다.

Activity 계절별 이미지 특성에 관한 내용입니다. 괄호 안에 들어갈 단어를 기입해 보세요.

예시: 로맨틱, 귀여운, 발랄한, 지적, 어려 보이는, 세련된, 차도녀, 성숙한

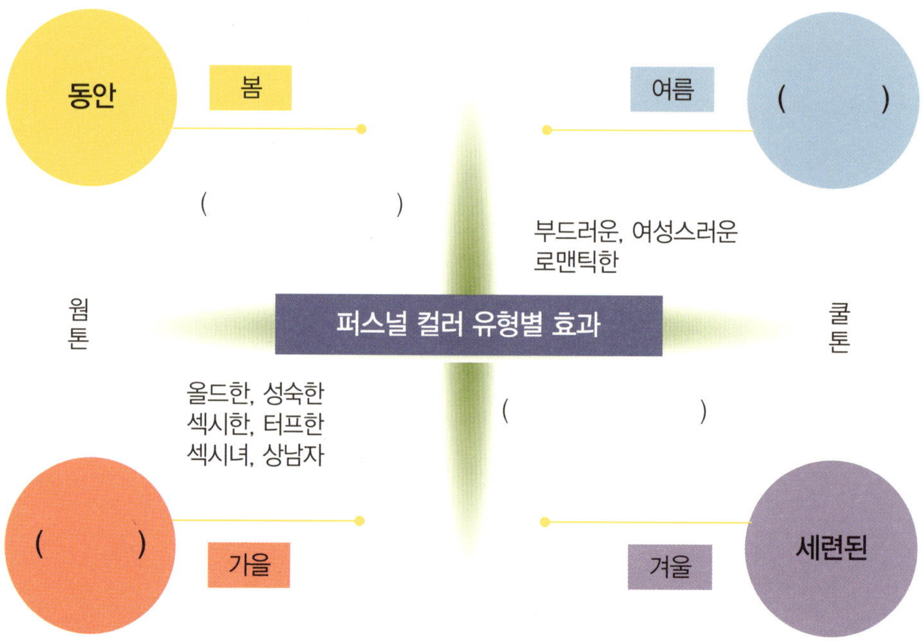

5. 진단목적 및 효과

· 퍼스널컬러는 개인에게 잘 어울리는 컬러이며, 진단목적은 (   )과 타인에게 긍정적이고 좋은 이미지의 형성을 위한 (   )이 가장 우선이다. 나에게 어울리는 컬러를 연출함으로써 주위 사람들로부터 (   )을 받으며, 이는 곧 자신감을 가지고 당당한 (   )를 구축하는 원동력이 된다. 다른 측면에서는 퍼스널컬러에 맞게 패션아이템을 구입하면 불필요한 지출을 줄이고 (   ) 쇼핑을 할 수 있다는 장점이 있다.

Activity 위의 문장 중 괄호 안에 들어갈 퍼스널컬러 진단타입과 각 컬러가 어떤 계절이며 색상을 의미하는지 기입해 보세요.

예시: 웜, 쿨, 봄, 여름, 가을, 겨울

토론 및 메모

· 개인의 이미지 연출에 있어서 퍼스널컬러는 왜 중요할까요?

· 그럼 나의 퍼스널컬러는 무슨 톤의 어떤 계절일까요?

PART

03

얼굴형 및 눈썹 이론

1. 얼굴 부위의 명칭 및 균형도

2. 얼굴형 이론

3. 눈썹 이론

1 얼굴 부위의 명칭 및 균형도

학습내용 얼굴에 대한 이해와 퍼스널컬러에 대해서 학습한다.

1.얼굴 부위의 명칭

· 얼굴은 각 부위에 따른 명칭과 비율이 있고, 사람마다 다양한 얼굴형을 가지고 있다. 얼굴형의 비율에 따라 동안과 노안이 결정되고, 얼굴형의 이미지에 따라 개인의 성격을 어느 정도 유추할 수 있다.

Activity 다음 이미지는 얼굴 균형도입니다. 얼굴형의 명칭과 동안의 비율에 대해서 숙지하세요.

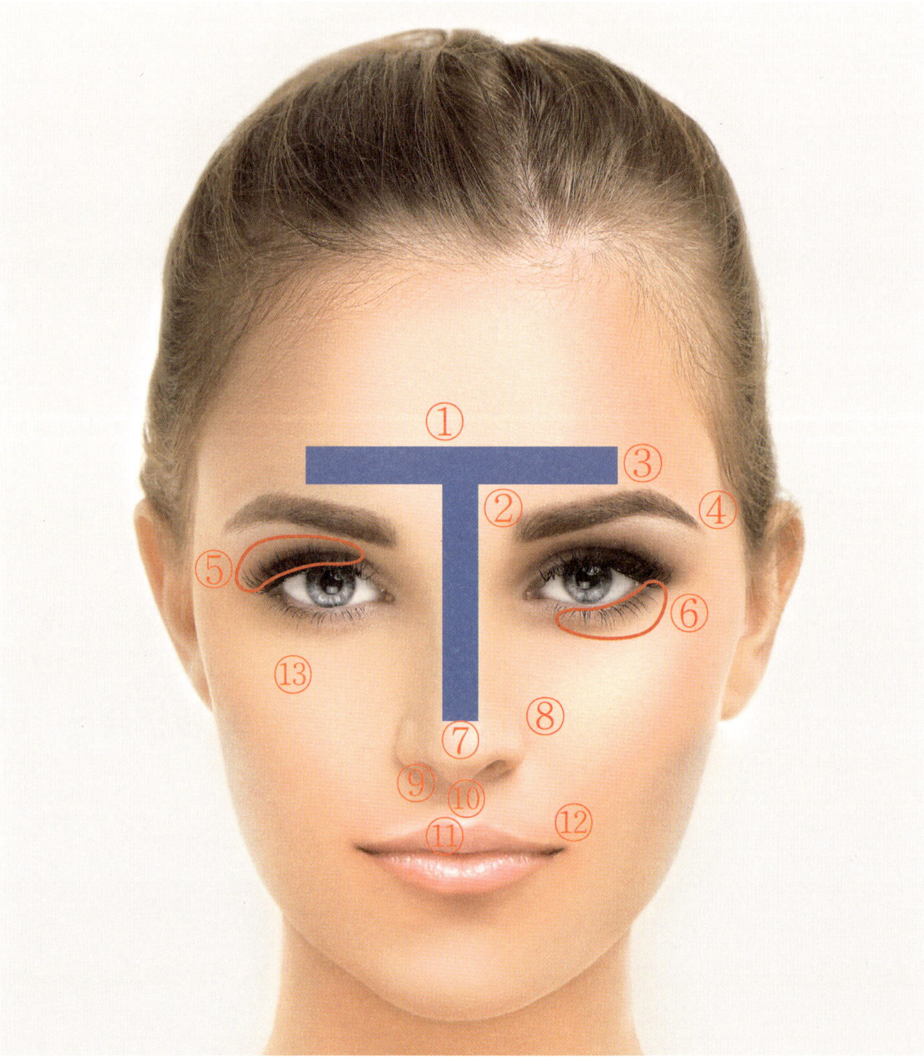

〈그림 1〉 얼굴 부위의 명칭

Activity 얼굴(A) 〈그림 1〉의 명칭에 대해서 기입해 보세요.

예시: T-Zone, 눈썹산, 아이홀, 눈꼬리, 광대뼈 눈썹앞머리, 인중, 구각, 입술산, 콧대, 코끝, 코볼						
①	②	③	④	⑤	⑥	⑦
⑧	⑨	⑩	⑪	⑫	⑬	

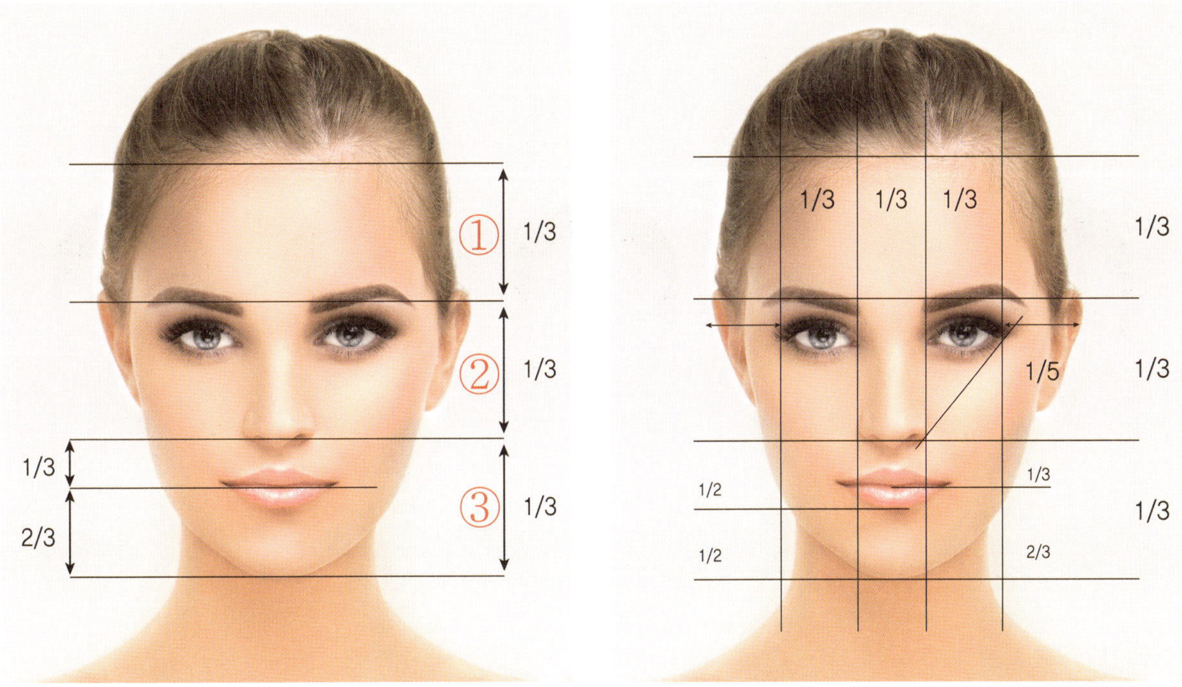

〈그림 2〉 얼굴의 동안 비율

Activity 얼굴(B)(그림 2)의 '동안 비율'에 대해서 생각해보고, 맞는 것끼리 선을 그어 보세요.

① ·	· 콧방울에서 턱 끝까지
② ·	· 콧방울에서 턱 끝까지
③ ·	· 헤어라인에서 눈썹까지

2 얼굴형 이론

학습내용 얼굴형 종류에 대해서 학습한다.

얼굴형 종류 : 얼굴형은 시각적으로 보이는 외적 이미지이며, 개성과 성격을 대략 유추할 수 있는 평가 기준이다. 얼굴형태에 따라서 지적이고 세련된 이미지, 고집스러운 이미지, 온화한 이미지 등 다양한 특징이 있으며, 이는 눈썹 형태와도 밀접한 관련성이 있다. 따라서 얼굴형에 어울리는 눈썹형태는 얼굴 이미지의 미적 기능 향상과 대인관계에서 호감형성, 내적으로는 자신감 향상에도 중요한 영향을 미친다.

Activity 제시된 얼굴형의 명칭에 대해서 기입해 보세요.

예시: 둥근형, 계란형, 다각형, 긴형, 역삼각형				
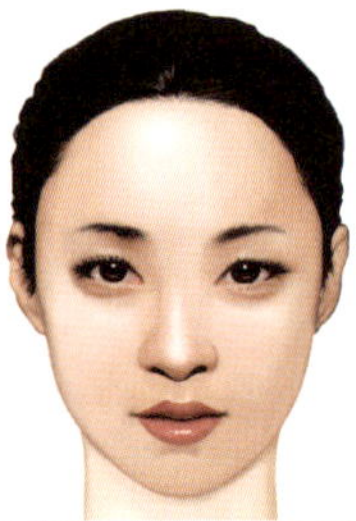			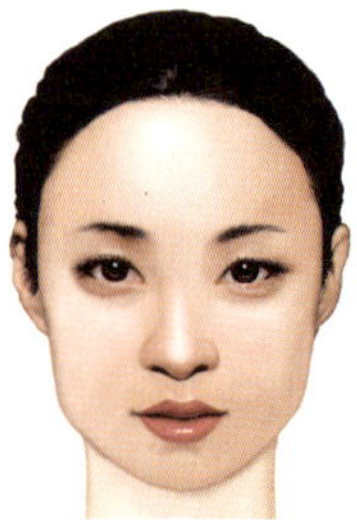	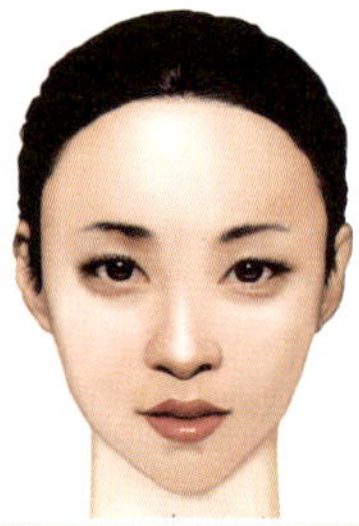
①	②	③	④	⑤

시각에 따른 얼굴형 착시효과 : 뷰티와 패션은 착시현상과 밀접한 관련이 있다. 체형 커버에 따른 착시효과와 메이크업의 테크닉에 따라 착시효과가 나타난다. 즉 큰 얼굴을 작은 얼굴로, 낮은 코를 높은 코로, 작은 눈을 큰 눈으로 변화되게 하는 것이 테크닉의 착시현상이다.

· 사람의 시각은 길을 걸어갈 때 대체로 (　　　)보다는 (　　　)을 보게 되고, 얼굴형을 바라보는 시각은 (　　　　　), 구심적 시각효과의 두 가지로 구분한다.

토론 및 메모 자신의 얼굴 특징에 대해서 생각해보세요.

Activity 아래에 제시된 빈칸에 알맞은 단어를 기입해 보세요.

예시: 오른쪽, 왼쪽, 뒤쪽, 위쪽, 원심적 시각효과, 구심적 시각효과, 중앙적 시각효과, 착시효과	
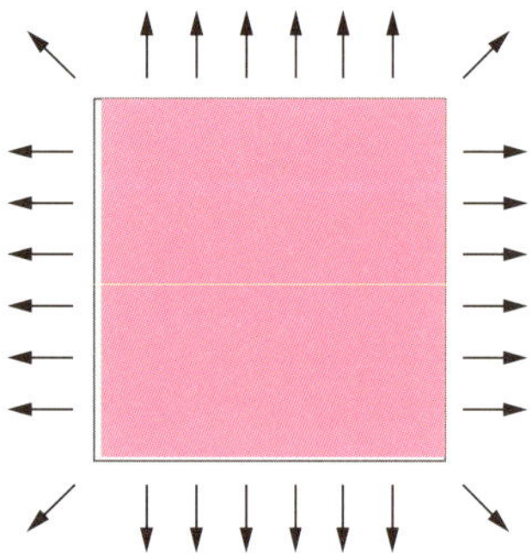 (　　　　　　)	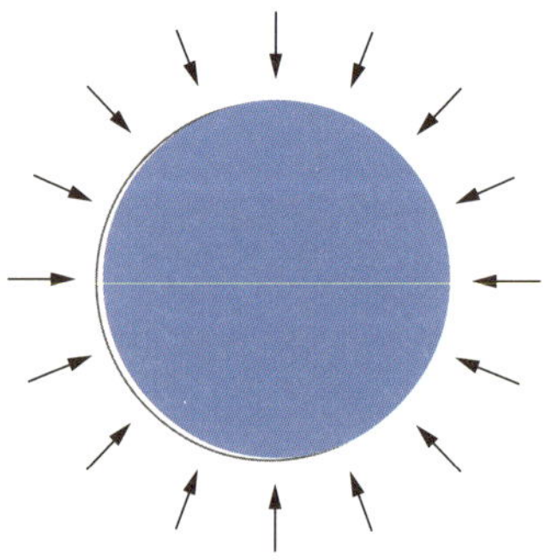 (　　　　　　)
①	②

얼굴형에 따른 이미지별 특징 : 얼굴형의 형태에 따라 보이는 이미지가 다르고, 가장 보편적인 얼굴형은 계란형이다. 계란형으로 보이기 위해서 튀어나온 부위는 셰이딩을 하고, 들어간 부분은 하이라이트를 사용하여 얼굴을 작고 입체감 있게 표현한다. 따라서 얼굴형은 개인의 이미지를 결정짓는 데에 중요한 역할을 하므로 윤곽수정 메이크업이 필요하다.

· 가장 이상적인 얼굴의 비율은 가로, 세로의 황금비율이 (　　　)이며, 일반적으로는 1:1.5의 비율을 적용하기도 하며, 이러한 비율이 가장 아름다운 얼굴형으로 인식한다. 또한 동안의 비율은 세로로 1:1:1의 비율을 기준으로 한다.

Activity 아래에 제시된 빈칸에 맞는 단어를 기입해 보세요.

예시: 둥근형, 다각형, 사각형, 긴형, 계란형

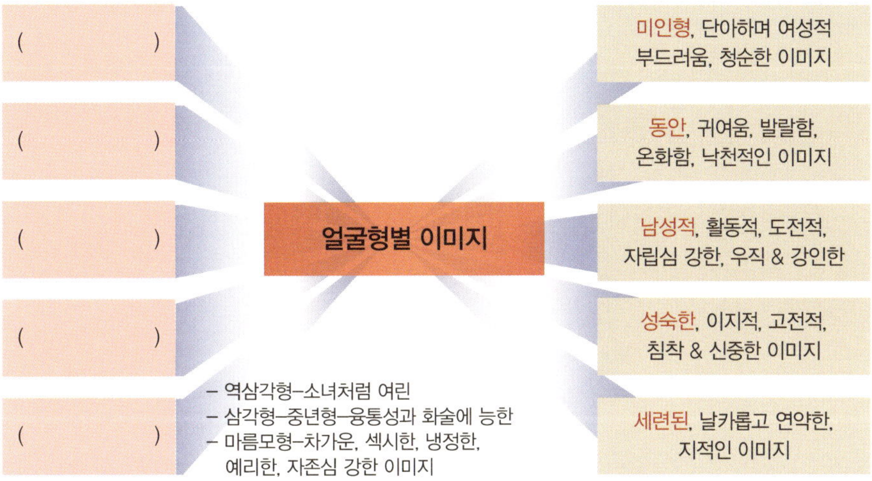

①	②	③	④	⑤

토론 및 메모

· 나의 얼굴형은 어떤 형인가?

· 나의 얼굴형의 이미지는?

3 눈썹 이론

학습내용 눈썹 이론에 대해서 학습한다.

눈썹의 이해 : 눈썹은 얼굴의 지붕이라고 하여 이미지 형성에 가장 중요한 부분이다. 대인관계 시 처음으로 시선이 멈추는 곳이 얼굴이고, 커뮤니케이션 시 항상 시선이 머무는 곳 또한 얼굴이다. 따라서 눈썹형태는 얼굴형과 이목구비를 고려하여 그리는 것이 좋다.

Activity 제시된 눈썹의 명칭을 A, B, C 명칭 및 위치설명표에 기입해 보세요.

예시: 눈썹 앞머리, 눈썹꼬리, 눈썹산

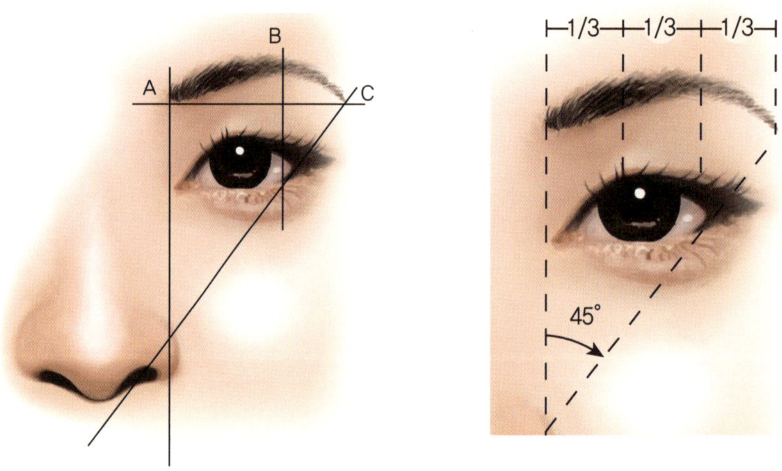

구분	명칭 및 위치 설명
A	
B	
C	

눈썹형태의 종류 : 눈썹과 얼굴형은 이미지를 결정하는 데에 밀접한 관련성이 있으며, 메이크업 시 어떤 컬러를 사용하는지에 따라서도 표현되는 이미지는 다양하다. 눈썹을 그릴 때 주의할 점은 다음과 같다.

1	눈썹 앞머리는 눈썹꼬리보다 일직선상이거나 조금 낮은 것이 얼굴 균형에 적합하다.
2	눈썹의 굵기는 앞머리는 굵고 눈썹꼬리 쪽으로 갈수록 점점 가늘어진다.
3	눈썹 산은 눈썹 길이의 2/3 위치에 그린다.
4	눈썹길이는 콧방울과 눈꼬리를 45도로 연결해서 연장했을 때 만나는 지점이다.
5	눈썹 앞머리는 자연스럽게 하고 꼬리 쪽으로 갈수록 그러데이션으로 농도를 표현한다.

Activity 눈썹 형태 종류입니다. 빈칸에 맞는 눈썹형태를 기입해 보세요.

예시: 둥근 아치형, 높은 아치형, 날카로운 눈썹, 각진 눈썹

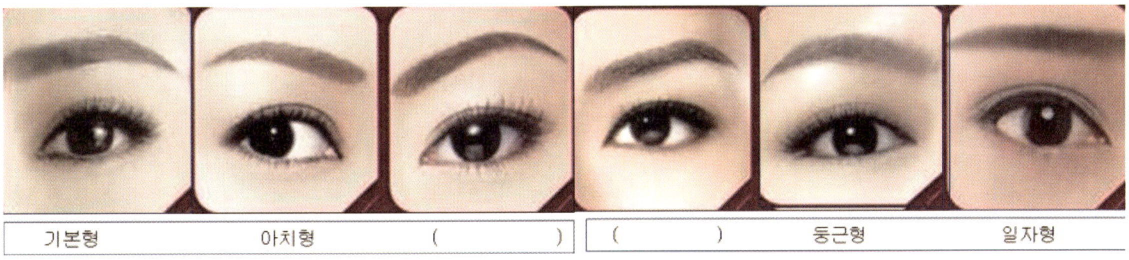

①	②

눈썹형태 디자인 실습 : 눈썹은 아이 메이크업의 일환으로 얼굴형과 눈매를 보완해주고, 개인의 인상을 결정해주며, 얼굴 이미지의 호감도, 균형도, 이목구비와의 조화미를 비롯하여 개성을 표현하는 데에 중요한 역할을 한다.

눈썹형태 디자인 실습 : 눈썹은 아이 메이크업의 일환으로 얼굴형과 눈매를 보완해주고, 개인의 인상을 결정해주며, 얼굴 이미지의 호감도, 균형도, 이목구비와의 조화미를 비롯하여 개성을 표현하는 데에 중요한 역할을 한다.

Activity 제시된 눈썹형태를 보고 따라 그려 보세요. 이미지 특징을 기술해 보세요.

기본형	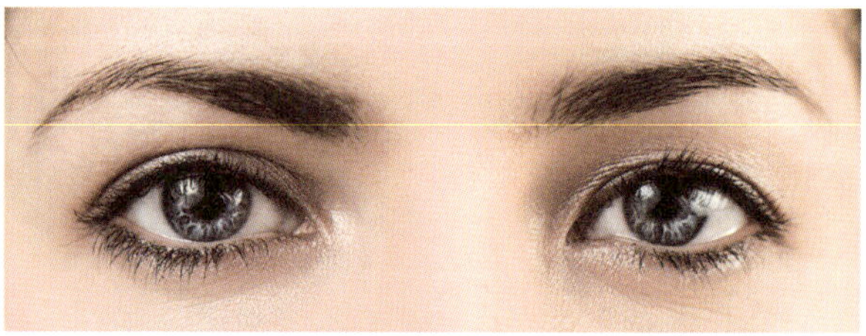	
일자형	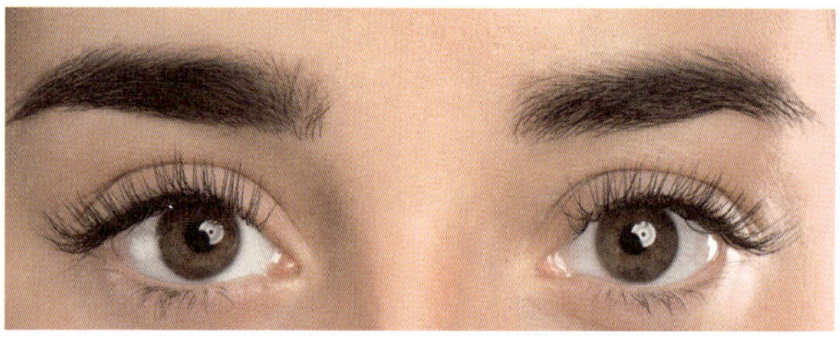	
아치형	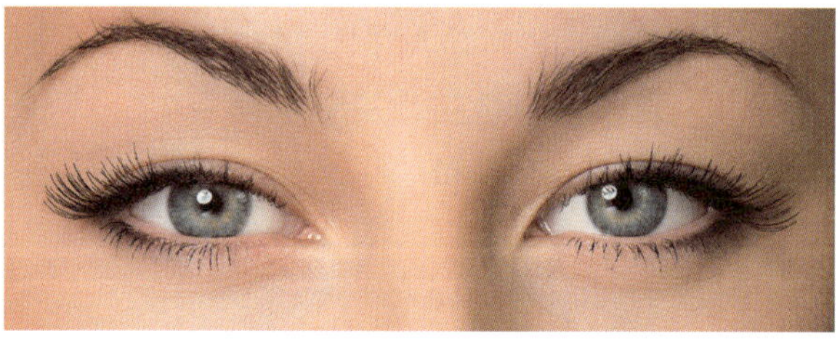	
둥근형	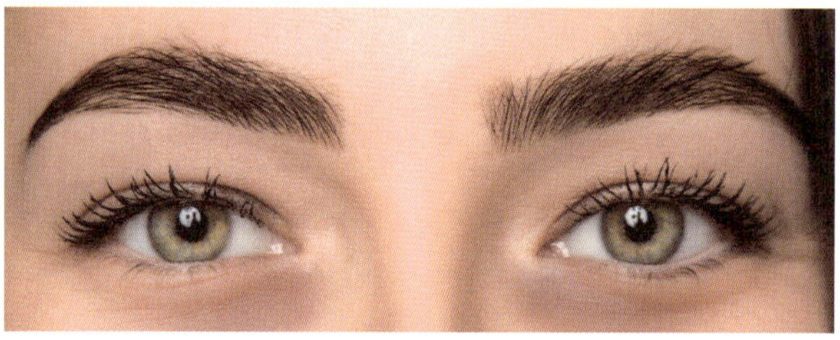	
각진형	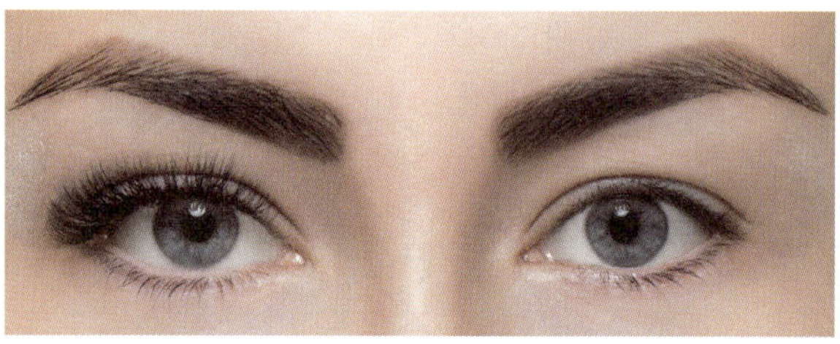	

Activity 제시된 눈썹형태를 보고 따라 그려 보세요.

기본형		

Activity 제시된 눈썹형태를 보고 따라 그려 보세요.

기본형		

Activity 제시된 눈썹형태를 보고 따라 그려 보세요.

일자형		

Activity 제시된 눈썹형태를 보고 따라 그려 보세요.

일자형		

Activity 제시된 눈썹형태를 보고 따라 그려 보세요.

아치형		

Activity 제시된 눈썹형태를 보고 따라 그려 보세요.

아치형		

Activity 제시된 눈썹형태를 보고 따라 그려 보세요.

둥근형		

Activity 제시된 눈썹형태를 보고 따라 그려 보세요.

둥근형		

Activity 제시된 눈썹형태를 보고 따라 그려 보세요.

각진형		

Activity 제시된 눈썹형태를 보고 따라 그려 보세요.

각진형		

Activity 제시된 얼굴형에 기본형 눈썹을 그려보세요.

Activity 제시된 얼굴형에 기본형 눈썹을 그려보세요.

Activity 제시된 얼굴형에 일자형 눈썹을 그려보세요.

Activity 제시된 얼굴형에 일자형 눈썹을 그려보세요.

Activity 제시된 얼굴형에 아치형 눈썹을 그려보세요.

Activity 제시된 얼굴형에 아치형 눈썹을 그려보세요.

Activity 제시된 얼굴형에 둥근형 눈썹을 그려보세요.

Activity 제시된 얼굴형에 둥근형 눈썹을 그려보세요.

Activity 제시된 얼굴형에 각진형 눈썹을 그려보세요.

Activity 제시된 얼굴형에 각진형 눈썹을 그려보세요.

MEMO

PART

04

메이크업 디자인

1 얼굴형별 윤곽 수정법

학습내용 얼굴형과 윤곽 수정법에 대해서 학습한다.

얼굴형의 종류 : 얼굴윤곽 수정을 위해서는 피부의 베이스 메이크업을 해야 하며, 이는 피부의 클렌징부터 피부 표현을 하는 메이크업의 단계까지를 의미한다. 얼굴윤곽 수정은 가장 선호하는 표준 얼굴형인 계란형이 되도록 피부표현에서부터 윤곽수정 및 하이라이트를 하는 과정까지 포함하고, 종류로는 클렌징 제품, 기초화장품, 자외선차단제, 파운데이션, 하이라이트, 셰이딩 제품 등이 이에 해당한다. 따라서 얼굴형에 따라서 윤곽수정 및 하이라이트 할 부위가 있으며 이에 대한 연습이 중요하다.

Activity 얼굴형별 윤곽수정 및 하이라이트가 필요한 부분을 기입해 보세요.

긴 얼굴형		
하트형	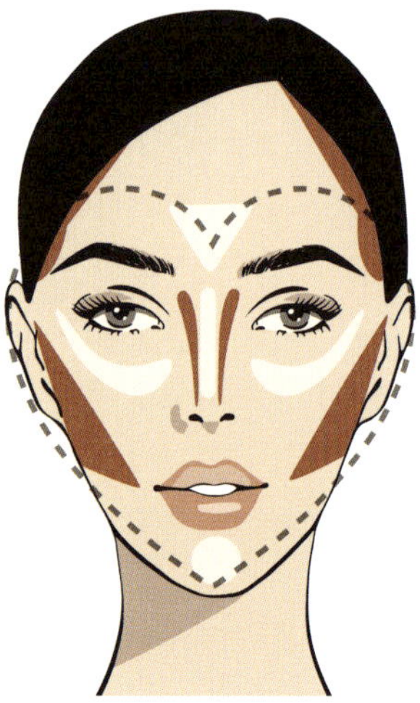	

둥근형		
사각형		
다각형		

Activity 제시된 사진을 보고 파운데이션, 셰이딩 컬러, 하이라이트 컬러를 채색해 보세요.

Activity 제시된 사진을 보고 파운데이션, 셰이딩 컬러, 하이라이트 컬러를 채색해 보세요.

Activity 제시된 사진을 보고 파운데이션, 셰이딩 컬러, 하이라이트 컬러를 채색해 보세요.

2 베이스 메이크업

학습내용 베이스 메이크업에 대해서 학습한다.

· 베이스 메이크업은 클렌징부터 피부표현까지를 베이스 메이크업이라고 한다. 우리가 메이크업할 때 매끄럽게 피부표현 하는 것이 관건인데 간혹 우리 몸의 트러블에 따라서 매끈하지 못한 피부 트러블이 발생할 수 있다. 피부 트러블은 부위별로 건강상에 문제가 생겼을 때 주로 발생하므로, 고운 피부결 유지를 위해서는 부위별 트러블에 대해서 참고하길 바란다.

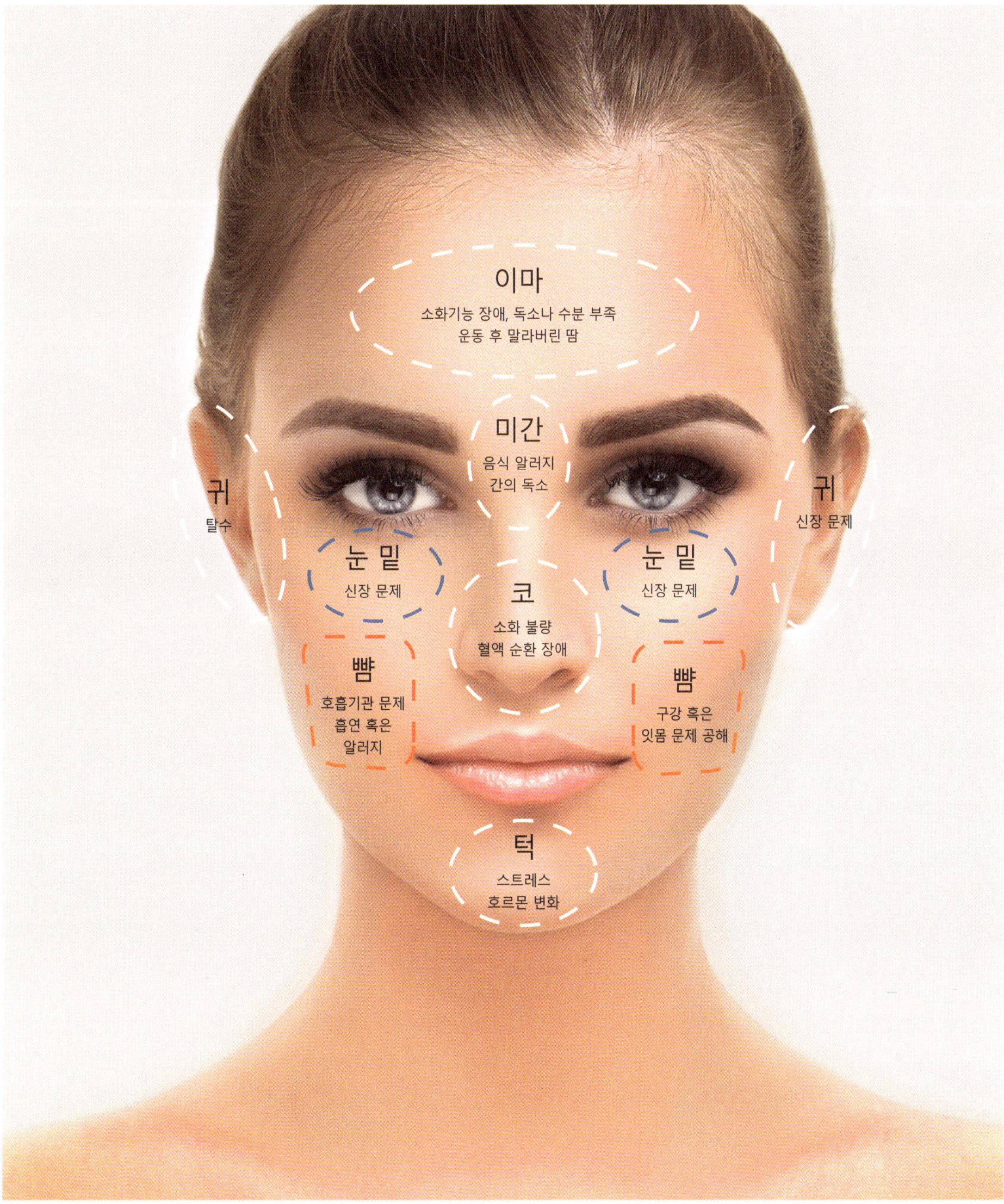

〈그림 1〉 얼굴 부위에 따른 뾰루지의 특성

얼굴 부위별 Zone : 피부의 결점과 잡티를 커버하고 피부색을 조절하기 위해서 사용하는 제품으로 얼굴의 윤곽수정을 하는 데에 중요한 역할을 한다. 또한 파운데이션을 사용함으로 인해 외부환경 요인인 자외선, 먼지, 바이러스, 바람 등으로부터 피부를 보호한다.

Activity 제시된 사진과 설명을 보시고 피부의 어느 Zone인지 괄호 안에 기입해 보세요.

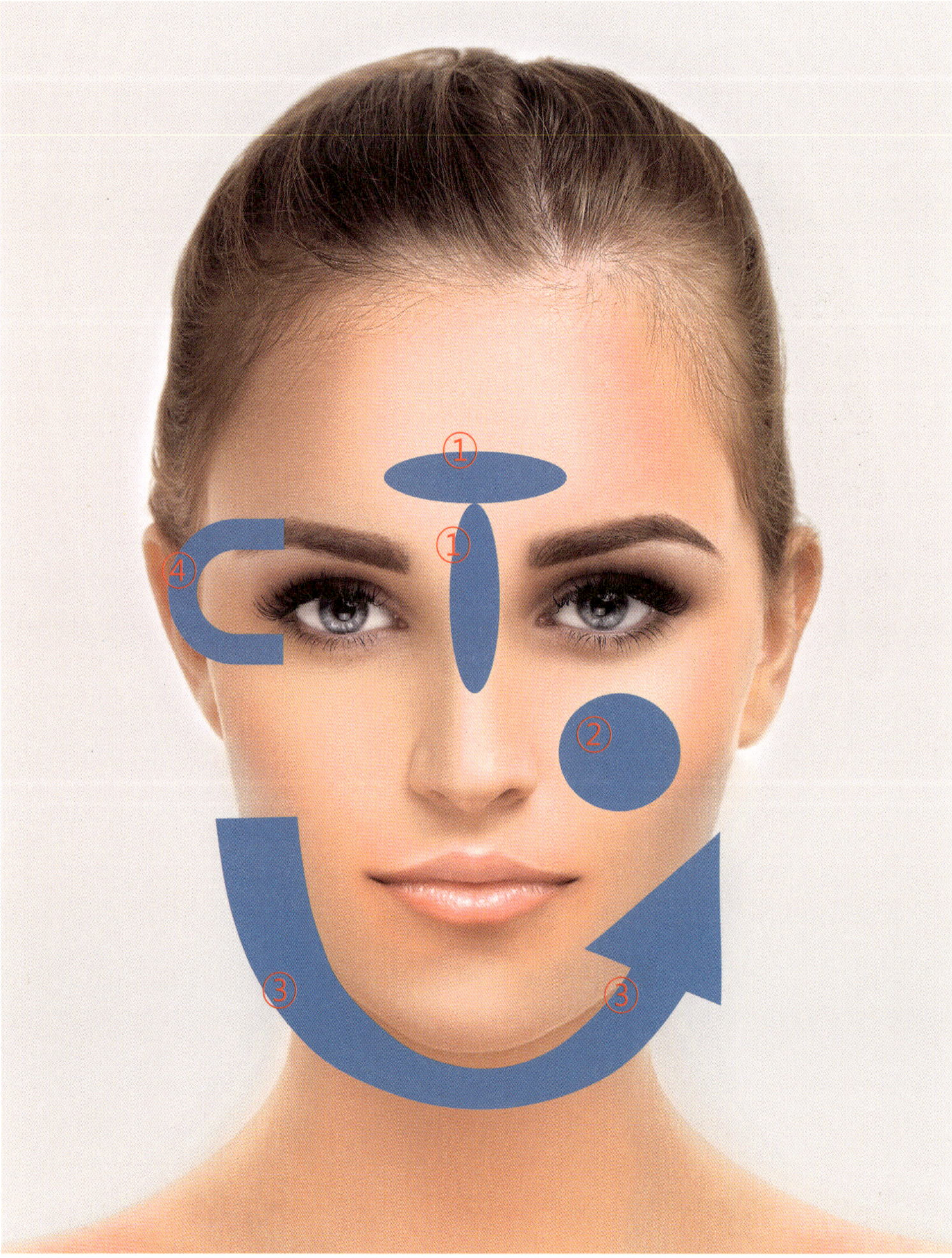

<table>
<tr><td colspan="4">예시: S존, T존, Y존, C존, O존, U존, 헤어라인 존, 페이스라인 존
(　　　　) (　　　　) (　　　　) (　　　　)</td></tr>
<tr><td>①</td><td>②</td><td>③</td><td>④</td></tr>
</table>

메이크업베이스 : 메이크업베이스의 가장 중요한 역할은 피부톤을 고르게 보정하는 것이며, 파운데이션과 색조화장품으로부터 피부를 보호하는 기능을 한다. 또한 피부의 번들거림을 방지하고 피부에 수분막을 형성하여 수분 증발을 막아주어 피부결을 매끈하게 해준다. 이러한 점을 잘 알고 내 피부톤에 적합한 메이크업베이스를 바르는 것이 예쁜 피부톤을 표현하는 것이다. 메이크업베이스의 종류는 성분에 따라 겔 타입, 로션타입, 실리콘 타입, 아이 프라이머 타입이 있다.

Activity 아래 제시된 그림을 참고하여 피부색에 적합한 메이크업베이스가 무엇인지 맞는 것끼리 선을 그어 보세요.

그린색 ·	· 기미, 잡티, 주근깨, 모세혈관 등 붉은 피부에 사용
흰색 ·	· 창백한 피부에 혈색을 부여하기 위해 사용
옐로 ·	· 얼굴의 붉은 기를 중화시켜 피부를 더욱 희게 할 때 사용
블루색 ·	· 노란 피부를 중화시켜 화사하게 할 때 사용
화이트펄 ·	· 파티메이크업의 화려한 이미지를 연출할 때 사용
연핑크색 ·	· 다소 검은 피부에 적합하며 피부톤을 밝게 할 때 사용
보라색 ·	· 피부를 투명하고 밝게 표현할 때 사용

〈그림 2〉 색상별 메이크업베이스

출처: 헤라, 지방시 등(https://blog.naver.com/sj123sk123/220923566515)

Activity 어떤 제품의 메이크업베이스인지 다음 보기에서 골라 빈칸을 채우세요.

예시: 겔 타입, 실리콘 타입, 아이 프라이머, 로션 타입	
	수분감이 많아서 건성피부에 적합
	눈가 전용 제품으로 눈 주위의 잔주름과 화장의 번짐을 방지
	모공을 막는 기능이 뛰어나 땀이나 피지분비가 많은 지성피부에 적합
	자외선 차단이 되므로 모든 피부에 적합

파운데이션 : 파운데이션은 베이스 메이크업에 해당하며, 피부의 잡티 및 결점을 커버하고, 피부톤과 결을 보정하여 아이섀도나 색조화장품이 골고루 잘 표현되게 하는 역할을 한다. 또한 외부 유해환경인 바람, 먼지, 오염된 공기, 자외선 등으로부터 피부를 보호하고, 얼굴윤곽을 보정하는 역할도 한다.

파운데이션 바르는 기법 : 파운데이션을 바르는 기법은 슬라이딩기법, 패팅기법, 블렌딩기법, 에어브러시 기법 등으로 구분한다.

Activity 다음은 파운데이션을 바르는 기법을 설명한 것이다. 아래 예시를 보고 해당하는 알파벳을 빈칸에 쓰세요.

예시: A(슬라이딩 기법슬라이딩기법), B(패팅 기법), C(블렌딩 기법), D(에어브러시 기법)	
· 얼굴 전체에 파운데이션을 펴 바르는 기법으로 넓은 면적을 빠르게 바를 때 소량의 파운데이션을 피부 안쪽으로 바깥쪽으로 바를 때 사용한다.	
· 파운데이션을 부분적으로 밀착시키기 위해 톡톡 두드리며 사용하는 기법으로 제품의 밀착도를 높이기 위한 기법이다.	
· 서로 다른 색상의 파운데이션이 경계가 생기지 않고 자연스럽게 보이도록 바르는 방법이다.	
· 파운데이션을 에어브러시 건에 넣어 분사시키며 얼굴이나 피부에 분사시키는 방법이다.	

· 파운데이션 바르는 방법과 피부결 방향

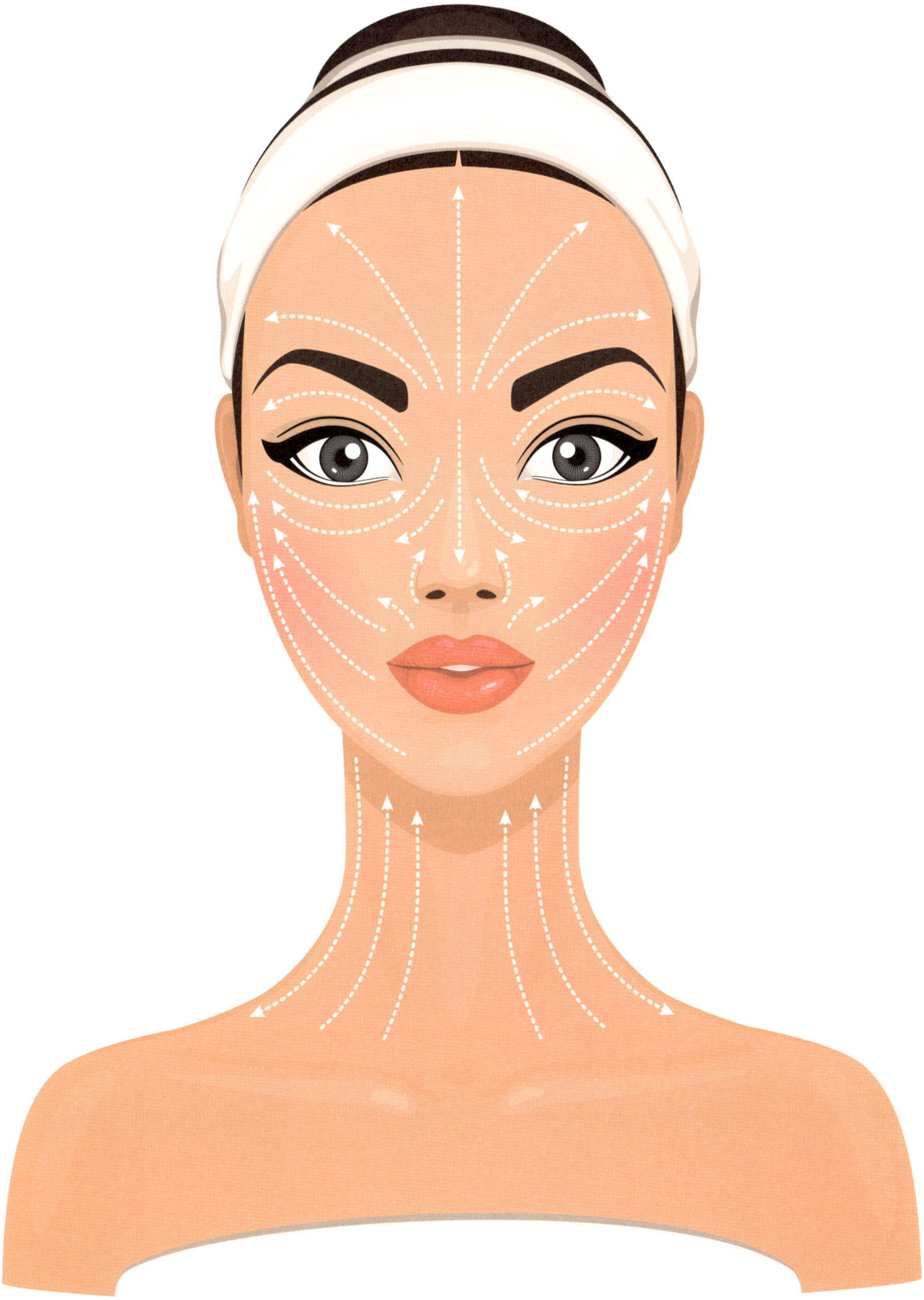

3 아이 메이크업

학습내용 아이 메이크업에 대해서 학습한다.

· 아이 메이크업은 아이브로를 포함하여 아이섀도, 아이라이너, 마스카라 등을 포함하는 메이크업을 의미한다. 아이섀도는 눈매를 수정 및 보완해주는 역할, 눈에 선과 색상을 부여함으로써 눈매를 깊고 입체감 있게 표현해준다.

Activity 아이섀도의 종류와 기법이 맞는 것끼리 선을 그어 보세요.

베이스 컬러 ·	· 눈 아래 하는 컬러로 포인트 컬러를 사용하여 눈매를 연결
메인컬러 ·	· 눈썹 뼈 부분에 가장 밝은 아이섀도를 바르는 컬러
포인트 컬러 (악센트 컬러) ·	· 눈두덩이 전체에 넓게 도포하는 컬러
하이라이트 컬러 ·	· 베이스 컬러보다 눈의 아이홀 부분에 바르는 가장 중요한 컬러
언더컬러 ·	· 눈매를 또렷하게 하기 위해 쌍꺼풀 라인에 바르는 컬러

Activity 아이섀도를 바를 부위 또는 눈의 명칭에 대해 빈칸에 들어갈 단어를 모두 기입해 보세요.

예시: 하이라이트, 눈썹뼈, 메인컬러, 눈꼬리, 포인트 컬러, 언더라인, 눈 앞머리

눈 형태에 따른 아이섀도 테크닉 : 눈은 크기와 형태에 따라서 아이섀도 하는 컬러와 테크닉은 다양하다. 대부분의 사람들은 크고 시원하며 깊고 매력적인 눈매를 갖기를 원한다. 따라서 자신의 눈의 형태를 고려하여 단점은 보완하고 장점을 부각시키는 아이 메이크업 테크닉을 배워 보자.

Activity 제시된 눈 모양의 특징을 고려하여 수정 ,보완한 아이섀도를 채색해 보세요.

작고 홑겹인 눈		
움푹 들어간 눈		
쌍꺼풀 여러 겹 눈		
눈꼬리가 처진 눈		
쌍꺼풀 있는 눈		

눈 형태에 따른 아이라이너 테크닉 : 아이라이너는 눈매를 선형하고 뚜렷하게 연출해주며 눈의 형태를 수정 및 보완하는 기능으로 눈이 커 보이고 길어 보이게 하는 효과가 있다. 아이라이너의 종류로는 리퀴드 타입, 펜슬타입, 젤타입, 케이크 타입 등이 있으며, 본인의 메이크업 숙련도에 따라서 적절한 아이라이너를 사용하는 것이 좋다.

Activity 제시된 눈 모양을 보고 단점을 보완한 아이라인을 그려 보세요.

작고 홑겹인 눈		
움푹 들어간 눈	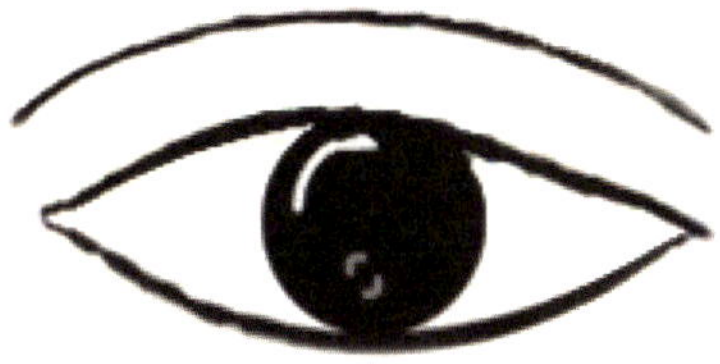	
쌍꺼풀 여러 겹 눈	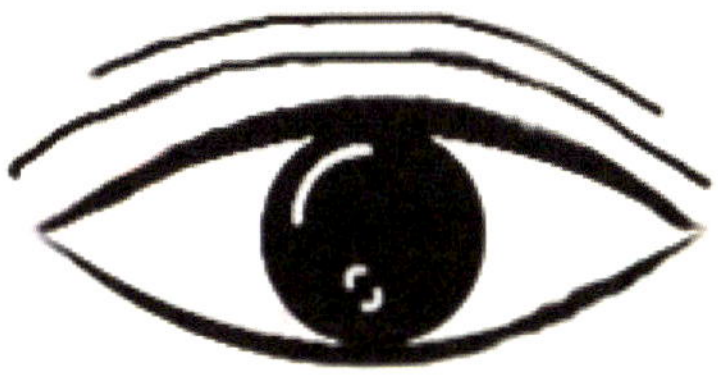	
눈꼬리가 처진 눈	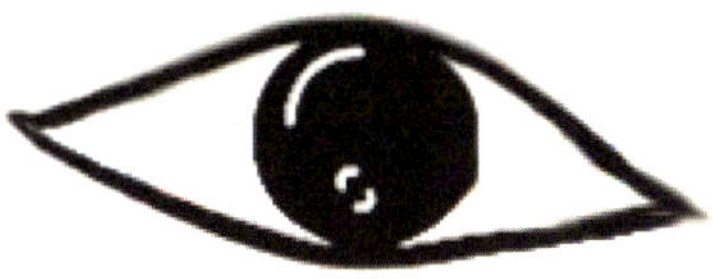	
눈꼬리가 올라간 눈		

Point 아이라이너 그리는 방법은 왼쪽→ 오른쪽. 그리는 순서는 점찍기→앞머리→전체 연결 순으로 그림

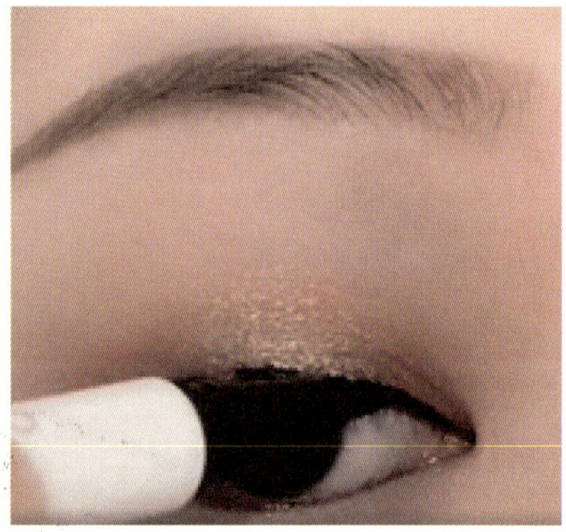

출처:https://www.pinterest.co.kr/pin/23925441758122678/

토론 및 메모 자신의 눈 모양에 적합한 아이라이너 기법은 무엇인지 생각해보세요.

Activity 제시된 아이섀도 컬러를 참고하여 어울리는 피부타입과 퍼스널컬러 타입을 쓰세요.

옐로, 코럴 베이스컬러		피부타입	
		퍼스널컬러 타입	
톤 다운된 다크컬러		피부타입	
		퍼스널컬러 타입	
파스텔컬러		피부타입	
		퍼스널컬러 타입	
또렷하고 비비드한 컬러		피부타입	
		퍼스널컬러 타입	

출처: 3ce 아이섀도

마스카라 테크닉 : 마스카라의 기능은 속눈썹이 길고 짙게, 풍성하고 눈매가 깊어 보이게 하는 역할을 한다. 마스카라를 함으로써 눈매가 또렷해 보이고, 눈이 커 보이며, 볼륨감 있고 입체적인 눈매를 표현한다.

· 아이 메이크업은 아이브로를 포함하여 아이섀도, 아이라이너, 마스카라 등을 포함하는 메이크업을 의미한다. 아이섀도는 눈매를 수정 및 보완해주는 역할, 눈에 선과 색상을 부여함으로써 눈매가 깊고 입체감 있게 표현해준다.

인조 속눈썹 : 인조 속눈썹은 눈매를 더욱 크고 또렷하게 보이기 위한 보조 수단의 아이메이크업으로 속눈썹을 짙고 풍성하게 연출하는 것이 목적이다. 인조 속눈썹을 붙일 때는 눈의 크기와 모양, 메이크업 이미지 등을 고려하여 적합한 형태의 눈썹을 순서대로 붙이는 것이 중요하다.

토론 및 메모 셀프 아이메이크업 시 장단점을 생각해보세요.

4 치크 & 립 메이크업

학습내용 치크 방법과 립 메이크업에 대해서 학습한다.

치크 메이크업 : 치크 메이크업은 창백한 얼굴에 혈색을 표현하여 건강하고 생기 있어 보이도록 하는 것이 목적이며, 피부톤에 어울리는 치크 컬러를 선정하는 방법은 아이섀도와 립스틱 컬러와의 조화를 이루는 것이 중요하다. 이를 통해 얼굴형의 단점을 수정 및 보완하고 입체감을 주어 귀여운 이미지, 성숙한 이미지 등 다양한 이미지로 연출할 수 있다.

Activity 치크의 종류에 따라 적합한 기능을 골라 선을 연결해 보세요.

케이크 타입 ·	· 파우더 압축형으로 초보자도 색감 표현을 잘 할 수 있는 장점
크림 타입 ·	· 손이나 스펀지를 이용하여 파우더 바르기 전에 발라야 하고, 그러데이션이 용이한 장점이 있고 발색과 지속력이 좋음
파우더 타입 ·	· 눈두덩이 전체에 넓게 도포하는 컬러

Activity 피부톤에 어울리는 치크계열을 무엇인지 빈칸을 채워보세요.

예시: 핑크계열, 브라운계열, 레드계열, 오렌지계열, 퍼플계열

치크 색상	이미지 특징
( )	귀엽고 사랑스러우며 여성스럽고 청순해 보인다.
( )	강렬하고 정열적이며 화려해 보인다.
( )	혈색이 건강해 보이며 발랄해 보인다.
( )	차분하고 자연스러우며 세련되어 보인다.
( )	지적이고 우아하며, 엘레강스하며 품위 있어 보인다.

Activity 다음은 어떤 얼굴형의 치크 메이크업 방법인지 해당하는 얼굴형을 기입해 보세요.

예시: 긴형, 둥근형, 사각형, 역삼각형, 다이아몬드형, 여성스러운 이미지, 지적이고 세련된 이미지

얼굴형 이미지	치크 기법 설명

Activity 제시된 사진을 보고 얼굴형에 따른 치크 메이크업을 해보세요(계란형).

Activity 제시된 사진을 보고 얼굴형에 따른 치크 메이크업을 해보세요(계란형).

Activity 제시된 사진을 보고 얼굴형에 따른 치크 메이크업을 해보세요(역삼각형).

Activity 제시된 사진을 보고 얼굴형에 따른 치크 메이크업을 해보세요(역삼각형).

Activity 제시된 사진을 보고 얼굴형에 따른 치크 메이크업을 해보세요(사각형).

Activity 제시된 사진을 보고 얼굴형에 따른 치크 메이크업을 해보세요(사각형).

Activity 제시된 사진을 보고 얼굴형에 따른 치크 메이크업을 해보세요(긴 얼굴형).

Activity 제시된 사진을 보고 얼굴형에 따른 치크 메이크업을 해보세요(긴 얼굴형).

Activity 제시된 사진을 보고 얼굴형에 따른 치크 메이크업을 해보세요(둥근형).

Activity 제시된 사진을 보고 얼굴형에 따른 치크 메이크업을 해보세요(둥근형).

립 메이크업 : 립 메이크업은 원래 가지고 있는 입술색을 선호하는 입술 컬러로 변화를 주는 메이크업으로 입술의 단점을 수정 및 보완하고 깔끔한 이미지를 표현하는 데에 목적이 있다. 또한 립 메이크업은 아이섀도, 치크 컬러와 조화를 이루는 것이 중요하다.

· 립 메이크업은 단순히 입술에 색상을 부여하는 목적과 외부자극으로부터 입술을 보호하고, 건조한 입술은 글로시한 제품으로, 세련되고 지적인 입술을 표현하기 위해서는 매트한 립 제품을 사용하기도 한다. 하지만 이것은 자신 입술의 수분 정도를 체크하고, 메이크업의 특성을 고려하여 선택하는 것이 좋다.

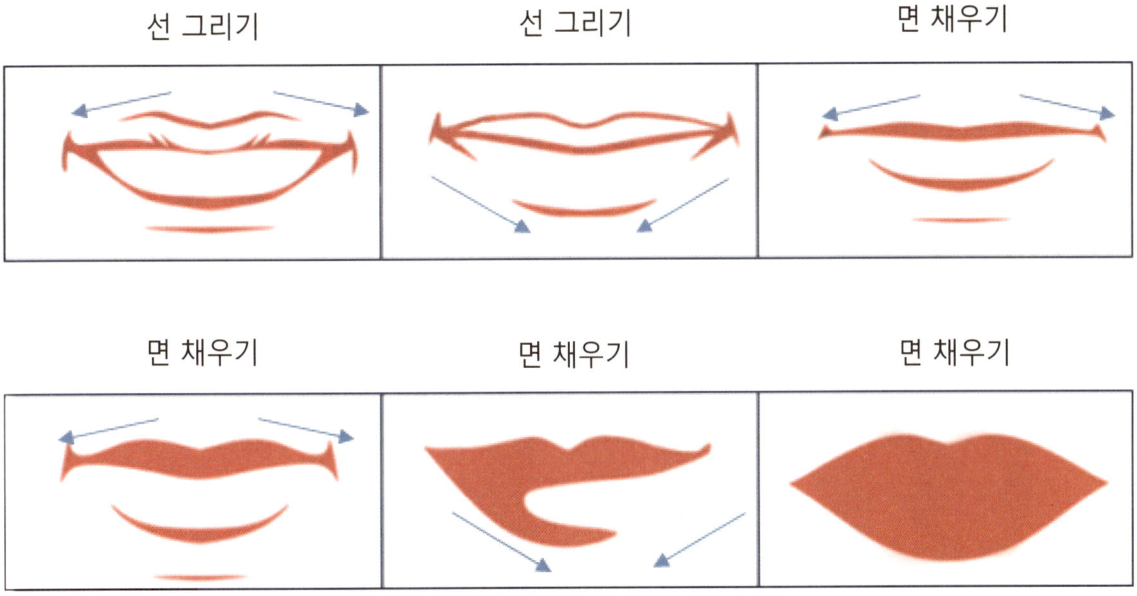

Activity 제시된 립스틱 컬러를 참고하여 어울리는 피부타입과 퍼스널컬러 타입을 쓰세요.

옐로, 코럴 베이스컬러		피부타입	
		퍼스널컬러 타입	
톤 다운된 다크컬러		피부타입	
		퍼스널컬러 타입	
파스텔컬러		피부타입	
		퍼스널컬러 타입	
또렷하고 비비드한 컬러		피부타입	
		퍼스널컬러 타입	

출처: https://m.post.naver.com/viewer/postView.nhn?volumeNo=3217105&memberNo=23726086

Activity 다음 제시된 입술 그림에 채색해 보세요.

Activity 다음 제시된 입술 그림에 채색해 보세요.

MEMO

PART

05

실전 메이크업

1. 기본 메이크업 테크닉
2. 퍼스널이미지 메이크업
3. 내추럴 메이크업
4. 스모키 메이크업

1 기본 메이크업 테크닉

학습내용 기본 메이크업 테크닉 요령에 대해서 학습한다.

· 메이크업의 기본은 자신 얼굴의 장점은 부각시키고 단점은 커버하는 것이 중요하며, 패션컬러, 퍼스널컬러, 계절컬러 등을 고려하는 것이 좋다. 메이크업할 때 본인의 피부타입을 고려하여 적합한 제품을 사용하고, 피부톤을 고려하여 퍼스널컬러에 어울리는 베이스 메이크업 컬러, 아이 및 립 메이크업, 치크 컬러를 선택해야 한다.

Activity 제시된 예시를 보고 메이크업하는 순서를 기입해 보세요.

> 예시: 베이스메이크업, 메이크업베이스 & 선블록, 아이라이너 & 마스카라,
> 립메이크업 & 치크, 아이브로 & 아이섀도

메이크업 하는 순서

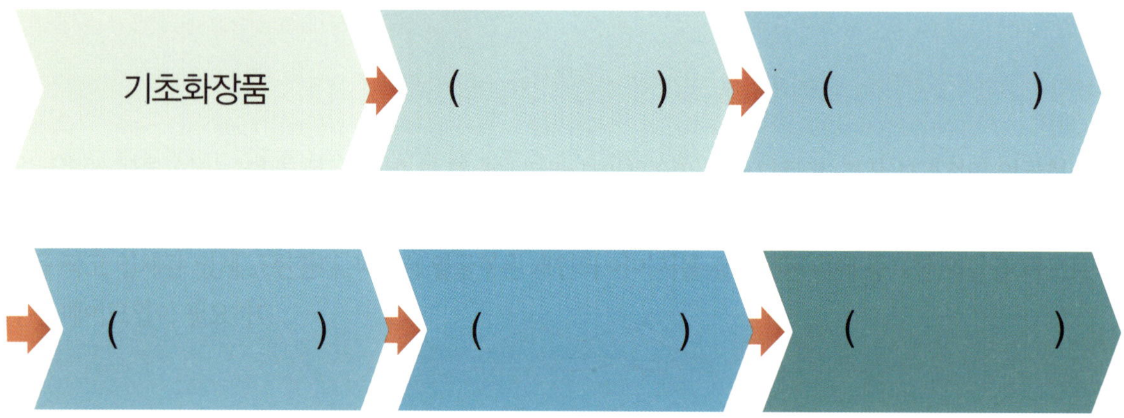

Activity 제시된 사진을 보고 피부타입에 적합한 파운데이션을 골라서 기입해 보세요.

예시: 무스 파운데이션, 리퀴드 파운데이션, 크림 파운데이션, 쿠션 파운데이션

건성 피부:	지성 피부:
민감성 피부:	중성 피부:

출처: 바비브라운, 메이크업포에버, 아이오페, 나스 등

Activity 제시된 그림과 예시를 보고 적합한 컬러를 기입해 보세요.

예시: 베이스컬러, 셰이딩 컬러, 하이라이트 컬러

Activity 제시된 사진을 보고 특징에 맞는 내용끼리 선을 그어 보세요.

예시: 아이브로 섀도, 아이브로펜슬, 에보니 펜슬

아이브로 섀도 ·	· 주로 전문가가 사용하며 퍼스널컬러에 따라 적합한 색을 사용
아이브로펜슬 ·	· 초보자가 사용하기도 하며, 내추럴 메이크업 시에도 사용
에보니 펜슬 ·	· 일반적으로 사용하는 아이브로펜슬용으로 유분감이 있음

출처: 메이크업포에버, 에보니 펜슬 등

· 메이크업에서 아이섀도의 표현은 눈매를 깊고 매력적으로 보이게 하며 눈의 단점을 보완하기도 한다. 아이섀도는 컬러에 따라 다양한 이미지를 연출할 수 있으며, 본인의 피부색과 헤어컬러, 패션컬러를 고려하여 아이섀도를 연출하여 T.P.O에 어울리는 메이크업을 하는 것이 좋다.

Activity 아이섀도 컬러별 이미지 효과에 대해서 맞는 것끼리 선을 그어 보세요.

갈색 계열 ·	· 시원하고 차가운 느낌, 여름철 메이크업에 활용
청색 계열 ·	· 젊고 건강하며 생기있는 느낌, 봄 메이크업에 활용
녹색 계열 ·	· 자연스럽고 차분하며, 내추럴메이크업에 주로 활용
보라색 계열 ·	· 세련되고 흰 피부, 스모키메이크업 시 활용
회색 계열 ·	· 우아한, 성숙한, 고급스러운 이미지로 파티메이크업에 활용
붉은 계열 ·	· 사랑스럽고 어려 보이며 여성스러운 이미지

· 아이라이너는 눈매를 선명하고 또렷하게 해주며, 눈의 형태를 수정 및 보완하고 속눈썹을 길어 보이게 하는 역할을 한다.

Activity 제시된 아이라이너별 종류를 보고 특징에 맞는 내용끼리 선을 그어 보세요.

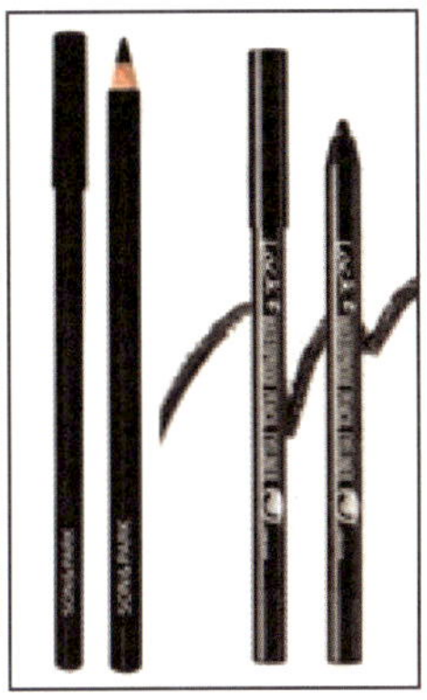

리퀴드 타입 ·	· 내수성, 방수성이 있고, 수정이 어렵고 전문가용으로 주로 활용
케이크 타입 ·	· 사용이 편리하며, 펜슬타입보다 지속력이 우수함
붓펜 타입 ·	· 물을 섞어 사용하며, 깊이감 있는 눈매연출 시 사용
겔 타입 ·	· 번짐이 없고 지속력이 우수하며 자연스러운 아이라이너 연출 시

출처: 스틸라, 바비브라운, 케이트

· 마스카라는 속눈썹을 짙고 길어 보이게 하며, 볼륨감을 주어 깊이 있는 눈매 연출과 눈동자를 선명하게 보이게 한다.

Activity 제시된 마스카라별 종류를 보고 특징에 맞는 내용끼리 선을 그어 보세요.

볼륨 마스카라 ·	· 부착력과 강도가 뛰어난 마스카라로 오랜 시간 컬을 유지해 줌
컬링 마스카라 ·	· 브러시의 모가 촘촘하고 굵어서 속눈썹을 풍성하게 연출
롱래시 마스카라 ·	· 땀이나 물에 강하며 여름철 바캉스나 레저스포츠에 효과적
워터 프루프 마스카라 ·	· 섬유질 마스카라로 눈썹이 길어 보이게 하는 효과가 있음

출처: 부르조아, 랑콤, 메이블린, 피버렛, 비디비치

· 립 메이크업 제품은 입술형태의 단점을 수정 및 보완하여 이미지를 개선 및 향상하는 효과가 있다. 다양한 립 제품의 색상을 이용하여 입술에 입체감을 부여하고 화사하게 연출해줌은 물론 외부자극으로부터 입술을 보호하고 입술의 건조함을 방지해준다.

Activity 제시된 립 제품의 종류를 보고 특징에 맞는 내용끼리 선을 그어 보세요.

립 라인 펜슬 ·	· 입술 윤곽을 선명하게 잡아주고 입술라인 수정 시 적합함
립스틱 ·	· 가장 대중적으로 사용하며, 색상이 다양하고 지속력과 색감이 좋음
립 크레용 ·	· 입술에 보습과 윤기를 주며, 볼륨감 있고 촉촉한 입술을 표현함
립글로스 ·	· 립펜슬보다 두꺼운 형태로 오일 성분이 적어 매트함
립 틴트 ·	· 착색제로 립 컬러의 지속성이 높고, 단독 사용이 입술이 건조해짐

출처: 헤라, 마몽드, 페리페라

토론 및 메모 셀프 아이메이크업 시 장단점을 생각해보세요.

Activity 제시된 그림을 보고 어울리는 메이크업을 표현해 보세요.

Activity 제시된 그림을 보고 어울리는 메이크업을 표현해 보세요.

Activity 제시된 그림을 보고 어울리는 메이크업을 표현해 보세요.

Activity 제시된 그림을 보고 어울리는 메이크업을 표현해 보세요.

2 퍼스널이미지 메이크업

학습내용 퍼스널이미지와 이를 활용한 메이크업법에 대해서 학습한다.

· 퍼스널이미지 메이크업은 신체색과 이미지를 고려한 퍼스널컬러 메이크업으로 웜(Warm)과 쿨(Cool)의 유형으로 세부적인 계절로는 봄과 가을은 웜 타입, 여름과 겨울은 쿨 타입으로 구분한다.

Activity 제시된 컬러를 보고 계절별 어울리는 컬러 특징끼리 선을 그어 보세요.

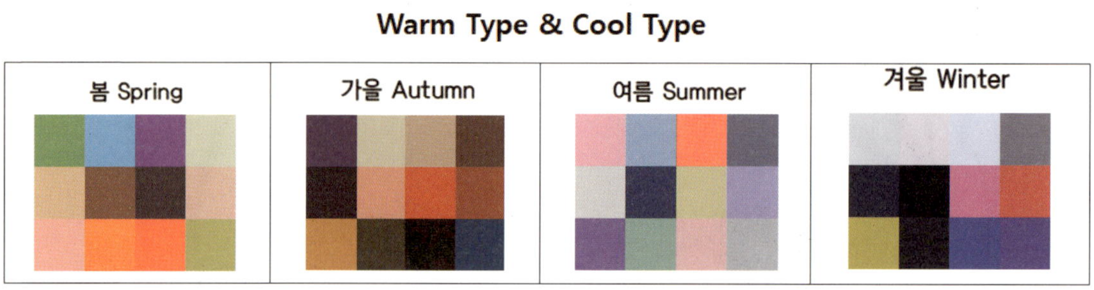

봄 ·	· 선명하고 비비드한 컬러로 강한 이미지를 표현
여름 ·	· 맑고 투명한 컬러로 전체적으로 밝은 이미지를 표현
가을 ·	· 블랙이 가미된 톤 다운된 이미지로 우아하고 섹시한 이미지를 표현
겨울 ·	· 부드럽고 은은한 컬러로 여성스럽고 로맨틱한 이미지를 표현함

Activity 제시된 사진을 보고 계절별 어울리는 퍼스널컬러 타입과 계절을 기입해 보세요.

(타입)	(타입)

(타입)	(타입)

Activity 제시된 그림을 보고 퍼스널이미지 메이크업을 표현해 보세요(웜톤 - 봄 유형)

Activity 제시된 그림을 보고 퍼스널이미지 메이크업을 표현해 보세요(웜톤 - 봄 유형)

Activity 제시된 그림을 보고 퍼스널이미지 메이크업을 표현해 보세요(웜톤 - 가을 유형)

Activity 제시된 그림을 보고 퍼스널이미지 메이크업을 표현해 보세요(웜톤 - 가을 유형)

Activity 제시된 그림을 보고 퍼스널이미지 메이크업을 표현해 보세요(쿨톤 - 여름 유형)

Activity 제시된 그림을 보고 퍼스널이미지 메이크업을 표현해 보세요(쿨톤 - 여름 유형)

Activity 제시된 그림을 보고 퍼스널이미지 메이크업을 표현해 보세요(쿨톤 - 겨울 유형)

Activity 제시된 그림을 보고 퍼스널이미지 메이크업을 표현해 보세요(쿨톤 - 겨울 유형)

3 내추럴 메이크업

학습내용 내추럴 메이크업에 대해서 학습한다.

· 내추럴 메이크업은 전반적인 메이크업 이미지를 자연스럽게 표현하는 것이 포인트이다. 두껍지 않은 자연스러운 피부표현, 인위적이지 않은 아이브로와 립 메이크업을 하되 자신 얼굴의 장점은 부각시키고 단점은 커버하는 것이 중요하며, 패션컬러, 퍼스널컬러, 계절컬러 등을 고려하는 것이 좋다.

Activity 내추럴 메이크업 테크닉을 설명한 내용이다. 맞으면 O, 틀리면 X로 체크하세요.

피부표현	(　)	· 피부표현은 크림 파운데이션을 사용하여 잡티 커버를 완벽하게 한다.
눈썹	(　)	· 아이섀도를 활용하여 모발색과 유사한 컬러로 눈썹결을 살려서 그린다.
아이 메이크업	(　)	· 베이지, 살구색, 브라운색을 사용하여 최대한 자연스럽게 표현한다.
치크 메이크업	(　)	· 얼굴형을 고려하여 각진 부분이 없도록 전체적으로 강하게 표현한다.
립 메이크업	(　)	· 또렷하고 선명한 립 메이크업을 하기 위해 립펜슬을 이용한다.

출처: 맥, RMK, 3ce

Activity 제시된 그림을 보고 어울리는 내추럴 메이크업을 표현해 보세요(봄 메이크업)

Activity 제시된 그림을 보고 어울리는 내추럴 메이크업을 표현해 보세요(봄 메이크업)

Activity 제시된 그림을 보고 어울리는 내추럴 메이크업을 표현해 보세요(가을 메이크업)

Activity 제시된 그림을 보고 어울리는 내추럴 메이크업을 표현해 보세요(가을 메이크업)

Activity 제시된 그림을 보고 어울리는 내추럴 메이크업을 표현해 보세요(여름 메이크업)

Activity 제시된 그림을 보고 어울리는 내추럴 메이크업을 표현해 보세요(여름 메이크업)

Activity 제시된 그림을 보고 어울리는 내추럴 메이크업을 표현해 보세요(겨울 메이크업)

Activity 제시된 그림을 보고 어울리는 내추럴 메이크업을 표현해 보세요(겨울 메이크업)

4 스모키 메이크업

학습내용 스모키 메이크업에 대해서 학습한다.

· 스모키 메이크업은 여성의 아름다움을 뇌쇄적이고 팜므파탈적인 이미지를 표현하는 메이크업으로 섹시하고 도발적인 느낌을 살리며 눈매가 깊고 고혹적으로 표현하는 것이 메이크업의 포인트이다. 메이크업 테크닉으로는 피부표현은 (   )하게 표현하고, (   )은 진하게 표현하지 않고 대체로 누드톤 또는 연한 브라운 컬러를 사용한다. 또한 스모키 메이크업은 (   )을 강조하는 메이크업이기 때문에 (   )를 눈썹에 그윽하게 잘 펴 바르는 것이 중요하다.

Activity 위의 괄호 안에 들어갈 적합한 단어를 예시에서 고르세요.

예시: 마스카라, 립, 매트, 눈, 입술, 눈썹

토론 및 메모 스모키 메이크업 시 주의할 점에 대해서 생각해 보세요.

Activity 제시된 그림을 보고 스모키 메이크업을 표현해 보세요(블랙&그레이계열 스모키)

Activity 제시된 그림을 보고 스모키 메이크업을 표현해 보세요(블랙&그레이계열 스모키)

Activity 제시된 그림을 보고 스모키 메이크업을 표현해 보세요(퍼플계열 스모키)

Activity 제시된 그림을 보고 스모키 메이크업을 표현해 보세요(퍼플계열 스모키)

Activity 제시된 그림을 보고 스모키 메이크업을 표현해 보세요(블루계열 스모키)

Activity 제시된 그림을 보고 스모키 메이크업을 표현해 보세요(블루계열 스모키)

Activity 제시된 그림을 보고 스모키 메이크업을 표현해 보세요(브라운계열 스모키)

Activity 제시된 그림을 보고 스모키 메이크업을 표현해 보세요(브라운계열 스모키)